详解九章算遗

古代数学与算学

◎ 主编 金开诚

◎ 编著 王泽研

吉林出版集团有限责任公司

吉林文史出版社

图书在版编目（CIP）数据

古代数学与算学 / 王泽妍编著. -- 长春 ：
吉林出版集团有限责任公司,2011.4 (2023.4重印)
ISBN 978-7-5463-4984-8

Ⅰ. ①古… Ⅱ. ①王… Ⅲ. ①数学史－中国－古代
Ⅳ. ①O112

中国版本图书馆CIP数据核字(2011)第053385号

古代数学与算学

GUDAI SHUXUE YU SUANXUE

主编/ 金开诚 编著/王泽妍

项目负责/崔博华 责任编辑/崔博华 王文亮

责任校对/王文亮 装帧设计/李岩冰 董晓丽

出版发行/吉林出版集团有限责任公司 吉林文史出版社

地址/长春市福祉大路5788号 邮编/130000

印刷/天津市天玺印务有限公司

版次/2011年4月第1版 2023年4月第5次印刷

开本/660mm×915mm 1/16

印张/9 字数/30千

书号/ISBN 978-7-5463-4984-8

定价/34.80元

编委会

前　言

　　文化是一种社会现象，是人类物质文明和精神文明有机融合的产物；同时又是一种历史现象，是社会的历史沉积。当今世界，随着经济全球化进程的加快，人们也越来越重视本民族的文化。我们只有加强对本民族文化的继承和创新，才能更好地弘扬民族精神，增强民族凝聚力。历史经验告诉我们，任何一个民族要想屹立于世界民族之林，必须具有自尊、自信、自强的民族意识。文化是维系一个民族生存和发展的强大动力。一个民族的存在依赖文化，文化的解体就是一个民族的消亡。

　　随着我国综合国力的日益强大，广大民众对重塑民族自尊心和自豪感的愿望日益迫切。作为民族大家庭中的一员，将源远流长、博大精深的中国文化继承并传播给广大群众，特别是青年一代，是我们出版人义不容辞的责任。

　　本套丛书是由吉林文史出版社和吉林出版集团有限责任公司组织国内知名专家学者编写的一套旨在传播中华五千年优秀传统文化，提高全民文化修养的大型知识读本。该书在深入挖掘和整理中华优秀传统文化成果的同时，结合社会发展，注入了时代精神。书中优美生动的文字、简明通俗的语言、图文并茂的形式，把中国文化中的物态文化、制度文化、行为文化、精神文化等知识要点全面展示给读者。点点滴滴的文化知识仿佛颗颗繁星，组成了灿烂辉煌的中国文化的天穹。

　　希望本书能为弘扬中华五千年优秀传统文化、增强各民族团结、构建社会主义和谐社会尽一份绵薄之力，也坚信我们的中华民族一定能够早日实现伟大复兴！

目录

一、古代数学发展概述

在世界四大文明古国中,中国数学持续繁荣时期最为长久,它是中国传统科学文化百花园中的一朵奇葩,是世界文化宝库中一颗璀璨的明珠。从公元前后至14世纪,中国古典数学先后经历了三次发展高潮,即两汉时期、魏晋南北朝时期和宋元时期,并在宋元时期达到顶峰。

数学是中国古代最为发达的学科之一,通常称为算术,即"算数之术"。现在,算术是整个数学体系下的一个分支,其内容包括自然数和在各种运算下产生的性质、运算法则以及在实际中的应用。可是,在中国古代数学发展的历史中,算术的含义比现在广泛

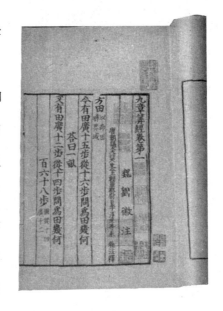

得多。在我国古代,算是一种竹制的计算器具,算术是指操作这种计算器具的技术。算术一词正式出现于《九章算术》中,泛指当时一切与计算有关的数学知识,它包括当今数学教科书中的算术、代数、几何、三角等各方面的内容。后来,算术又称为算学、算法,直到宋元时代,才出现了"数学"这一名词,在当时数学家的著作中,往往数学与算学并用。当然,这里的数学仅泛指中国古代的数学,它与古希腊数学体系不同,侧重研究算

法。

从19世纪起，西方的一些数学学科，包括代数、三角等相继传入我国。西方传教士多使用数学，日本后来也使用数学一词，中国古算术则仍沿用"算学"。1937年，清华大学仍设"算学系"。1939年中国数学名词审查委员会为了统一起见，才确定专用"数学"，直到今天。

中国是著名的四大文明古国之一，数学的发展有着源远流长的历史。我们的祖先在从事社会生产劳动的活动中，逐渐有了数量的概念，认识了各种各样简单的几何图形。特别是随着农业的逐渐发

展,需要与之相应的天文、历法,需要知道适宜于农业的季节安排,这些都离不开数学。土地面积、粮仓大小、建筑材料的长短和方位的测定等等也都离不开数学知识。

中国社会的发展具有与西方社会不同的特色,它较早地进入封建社会,又长期地停留在封建制之中,因而中国古代数学发展有着自身的特点。我们可以把中国古代数学的发展历程划分为四个时期:先秦萌芽时期、汉唐奠基时期、宋元全盛时期、明清中西数学融合时期。

(一)先秦萌芽时期(从远古到公元前200年)

原始社会末期,随着私有制和以货易货交易的产生,数与形的概念开始形成并有了一定的发展。如

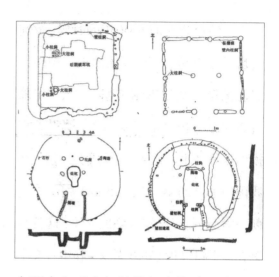

在距今六千多年的仰韶文化遗址出土的陶器上，就已经刻有表示1、2、3、4的符号；在半坡文化遗址出土的陶器上有用1~8个圆点组成的等边三角形和分正方形为100个小正方形的图案，而且半坡遗址的房基址都是圆形和方形的。为了画出方圆、确定平直，我们的祖先还创造了规、矩、准、绳等作图与测量工具。事实上到了原始社会末期和奴隶制早期，我们的祖先已经开始用文字符号取代结绳记事了。据《史记·夏本纪》记载，夏禹治水时已经使用了这些工具。

大约在公元前2000年的时候，黄河流域的中下游一带，开始出现了中国历史上的第一个奴隶制王朝——夏。伴随着奴隶制而出现的社会分工，使得大规模的土木工程、水利建设成为可能。在我国历史上的第二个奴隶制王朝——商朝，就已经有了比较成熟的文字，这就是刻在龟甲和兽骨上的甲骨文。在甲骨文中已经有了一套十进制的数字和记数法，其中最大的数字为三万。例如"八日辛亥戈伐二千六百五十六人"就是说八月辛亥那一天，在战争中杀了2656个俘虏。

我国古代的记数法，从一开始就采用了十进制，这一点比其他文明所采用的记数法有着显著的优越性。与此同时，商人用十个天干和十个地支组成甲子、乙丑、丙寅、

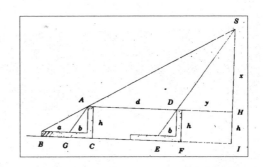

丁卯等六十个名称来记六十年的日期。在周代又把以前用阴、阳符号构成表示八种事物的八卦发展成六十四卦，表示六十四种事物。西周时期青铜器上面的文字——金文中的记数法和商代的完全一样，一直沿用到今天。

除了整数之外，我国对分数的认识也是比较早的，同时还掌握了整数和分数的四则运算。在公元前1世纪左右的《周髀算经》中提到了西周初期用矩测量高、深、广、远的方法，并举出勾股形的勾三、股四、弦五以及环矩可以为圆等例子。《礼记·内则》篇提到西周贵族子弟从9岁开始便要学习数字和记数方法，他们要接受礼、乐、射、御、书、数的训练，

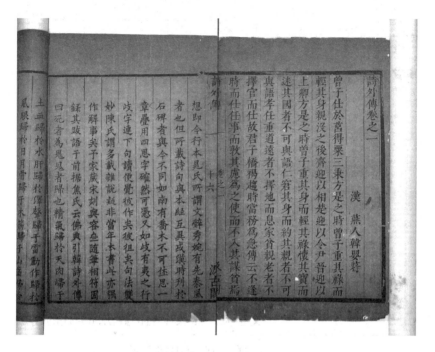

作为"六艺"之一的数已经开始成为专门的课程。

汉代人韩婴在《韩诗外传》中记载过这样一个故事：齐桓公招贤纳士，却整年也没有人来。后来东野地方有个人求见，说自己会背"九九"乘法歌。齐桓公调笑他说："会背九九歌，算什么本事呢？"那个人说："背九九歌确实不算什么本事，但您尚且以礼相待，还怕比我高明的人不来吗？"果然一个月之后，四面八方的贤人接踵而来了。这个故事说明在公元前7世纪，九九歌诀在民间已经相当普及了。在《管子》《荀子》等一些古书中也都有"九九"中的句子记载。另外，在春秋战国之际，筹算已得到普遍的应用，筹算记数法使用十进位制，这种记数法对世界数学的发展是有划时代意义的。这个时期的测量学在生产上有了广泛应用，在数学上亦有相应的提高。根据文献记载以及钱币上铸造出的数字纹样和陶器上留下的陶文记载，最迟在春秋战国时期，人们已经十分熟练地运用算筹进行计算了。出土于战国时期楚国的墓葬中就有竹制的算筹实物。

战国时期的百家争鸣，思想大解放，促进了数学的发展，尤其是对于正名和一些命题的争论直接或者间接地与数学有关。"名家"认为经过抽象以后的名词概念和它们原来的实体不同，他们提出"矩不方，规不可以为圆"的观点，把

"大一"定义为"至大无外","小一"定义为"至小无内",还提出了"一尺之棰，日取其半，万世不竭"等命题。"墨家"则认为名来源于物，名可以从不同方面不同深度反应事物。还给出了一些与数学相关的概念，如圆、方、平、直、次、端等。

(二) 汉唐奠基时期 (公元前200－1000年)

公元前221年，秦始皇灭六国，创立了中国历史上第一个中央集权的封建专制国家。汉承秦制，巩固和完善了这一制度，随着生产力的不断提高，各种科学和技术也不断向前发展。农业生产需要掌握季节的变迁，必然推动天文和数学的研究。战国时期，人们就已经掌握了设定每年为日的"四分历"。数

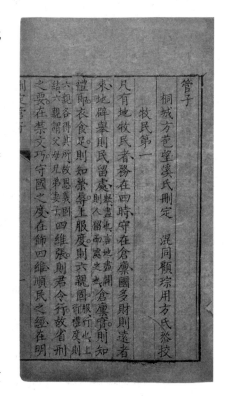

学著作同时也是天文学著作的《周髀算经》在这样的历史背景下出现了，包括像这样复杂的计算，还包括利用勾股定理进行测量的一些计算。

秦汉是封建社会的巩固和上升时期，经济和文化均得到迅速发展。中国古代数学的体系正是形成于这个时期，它的主要标志是算术已经成为了一个专门的学科。随着田亩测量和粮食运输的频繁，建筑工程和赋税征收的需要，又出现了《九章算术》这样总结性的数学著作。它是中国古代数学最重要的著作，是战国、秦、汉封建社会创立并巩固时期数学发展的总结。就其数学成就来说，堪称世界数学名著，例如分数四则运算、比例算法、面积和体积计算等都比较先进。它还引入了负数的概念和运算法则，这在世界数学史上是最早的。《九章算术》的出现标志着中国古代数学体系的形成，它对中国以后数学发展的影响，就如同欧几里得的《几何原本》对西方数学的影响一样，非常深刻。

中国古代数学的进一步发展是在魏晋南北朝时期，这一时期封建皇权统治相对薄弱，而且在魏晋时期出现的玄学，不为儒家思想所束缚，思想比较活跃，诘辩求胜，运用逻辑思维，分析义理，这些都有助于数学理论的提高。成就突出反映在三国时期的赵爽为《周髀算经》作的注、曹魏末年和晋初的刘徽为《九章算经》作的注和他的《海岛算经》上。南北朝时期的祖冲之和他的儿子祖暅更是在刘徽的《九章算术注》的基础上把传统数学大大向前推进了一步。他们完成的主要数学工作有计算出圆周率在3.1415926~3.1415927之间，提出了祖畎定理、二次和三次方程的解法等。

隋炀帝好大喜功，大兴土木，这在客观上促进了数学的发展。唐初王孝通的《缉古算经》主要讨论的就是土木工程中土方、工程分工、验收等的计算问题。唐初封建统治者继承了隋朝体制，在国子监设立了数学的专门科目，并规定了招生、学习、毕业和考试等制度，指定"算经十书"等为教科书。这期间由唐朝数学家李淳风奉命注释的《算经十书》最为有名，奠定了中国古代数学的基础，对保存数学经典著作、为数学研究提供文献资料方面有很大意义。

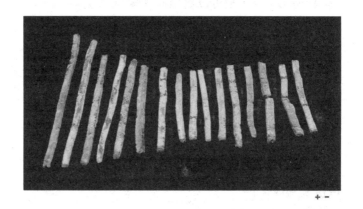

十一

算筹作为中国古代的主要计算工具,具有简单、形象、具体等优点,但也存在布筹时占用面积大、运筹速度快时容易摆弄不正造成错误等缺点。珠算是对算筹的重要改革,它克服了筹算纵横记数与置筹不便的缺点。唐中期后,商业繁荣,数字计算增多,迫切要求改革计算方法,从《新唐书》等文献可以看出此次算法改革主要是简化乘、除算法,唐代的算法改革使乘、除法可以在一个横列中进行,适合用于算筹也适合用于珠算。

（三）宋元全盛时期（1000年—14世纪初）

960年，北宋王朝的建立结束了五代十国长期割据的混乱局面，农业、手工业、商业空前繁荣，科学技术突飞猛进，火药、指南针、印刷术三大发明就是在这种情况下得到广泛应用，这些都为数学发展创造了良好条件。中国古代数学在宋、元又有了重大发展，出现了一批著名的数学家和数学著作，如秦九韶的《数书九章》，李冶的《测圆海镜》《益古演段》，杨辉的《详解九章算法》《日用算法》和《杨辉算法》，朱世杰的《算学启蒙》《四元玉鉴》等。他们的工作在很多领域都取得了具有世界意义的成就。同时期中世纪的欧洲，科学停滞不前，比之我国真是相形见绌多了。

从开平方、开立方到四次以上的开方，在认识上是一个飞跃，实现这个飞跃的就是我国古代著名数学家贾宪。贾宪发现了二项系数表，并掌握了和英国数学

家Horner方法完全相同的开方方法，其中贾宪的三角形比西方的Pascal三角形早提出了六百余年。

秦九韶的《数书九章》是一部划时代的巨著，其中的"大衍求一术"（不定方程的中国解法）及高次代数方程的数值解法，是宋、元数学的一项重大成就，在世界数学史上占有崇高的地位。

中国宋、元的"天元术"，相当于现在的代数学或者方程论。李冶《测圆海镜》给出列方程的方法、步骤，和现在一样。杨辉对纵横图结构进行了研究，揭示了洛书（幻方）的本质。郭守敬创立了三次内插法，早于西方约四个世纪，他的另一项贡献是推进了球面三角学。朱世杰将天元术推广成四元术，对郭守敬的差分法也大加发挥。四元术就是四元高次方程理论，用天、地、人、物表示四个未知数，有些题的次数高达15次，这在今天也是很罕见的。

中国古代算法改革的高潮也出现在宋元时期，历史文献中记载有大量这个时

期的实用算术书目,改革的主要内容仍是乘除法。同时,穿珠算盘可能在北宋已经出现。总而言之,从北宋到元代中叶,我国数学有了一套严整的系统和完备的算法,达到了我国古代数学的全盛时期。

(四)明清中西数学融合时期 (14世纪初－1912年)

宋、元是中国数学的极盛时期,可是在朱世杰之后,数学发展却突然中断。原因是多方面的,仅从社会条件来说,元中叶以后就存在着许多不利于数学发展的因素。元朝统治时期,社会经济遭受严重摧残,言论、出版、学术都受到统治和禁止。明朝实行极端的君主专制,宣传唯心主义哲学,实

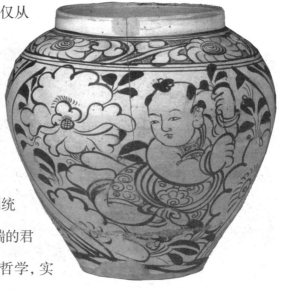

施八股考试制度，宦官专权，政治腐败，全无学术讨论的氛围。清初发生了历法上新旧之争，拥护新法的官员惨遭杀身之祸，再加上文字狱迭起，一字之差就可能引来杀身灭族之灾，学者完全没有发表意见的自由。

反观西方，中国停顿落后之时，欧洲正逐步迈入资本主义社会，近代数学受生产力的刺激快速发展起来。一进一退，中国数学和西方数学差距越拉越大了。

明代在西方数学输入之前，最大的成就是珠算的完善和普及。算盘以其构造简单、价格低廉、计算迅速，受到广大群众的欢迎，至今仍盛行不衰。1592年，明程大位著《直指算法统宗》十七卷。这是一部用珠算盘为计算工具的应用数学算书，此书流传甚广，影响极大。

1581年，意大利传教士利玛窦来中国传教，先后翻译了一些天文数学书籍。1606年，他和徐光启合作翻译了《几何原本》前六卷，还编译了《同文算指》一书，介绍西方算术的知识。其中影响最大的是《几何原本》，它是中国第一部数学翻译著作，绝大部分数学名词都是首创的，许多至今仍在沿用。《几何原本》是明清

两代数学家必读的数学书。这是中国近代翻译西方数学书籍的开始，从此打开了中西学术交流的大门，是中国卷入世界潮流的序曲。假如翻译工作能持续下去，必能产生更大的影响。可惜自康熙以后，清政府采取了闭关锁国政策，中西交流中断了。

这一时期，清代数学家对西方数学做了大量的会通工作，并取得了一些独创性的成果。这些成果和传统数学比是有进步的，但是和同时期的西方数学比则是明显落后的。

1840年鸦片战争以后，西方近代数学开始传入中国，中国数学便转入以学习西方数学为主的时期。首先是英国人在上海开设墨海书馆，介绍西方数学。第二次鸦片战争后，曾国藩、李鸿章等开展"洋务运动"，也主张介绍和学习西方数学，组织翻译了一批近代数学著作。其中比较重要的有李善兰与伟烈亚力翻译的《代数学》《代微积拾级》等，比李善兰稍晚的另一位数学家华蘅芳也翻译了《微积溯源》《决疑数学》等。在翻译西方数学著作的时候，中国学者也进行一些研究，如李善兰通过研究传统数学而得到的一系列组合恒等式，其中包括驰名中外的"李善兰恒等式"。

中国现代数学的真正开始是在辛亥革命以后，兴办现代高等教育是其开始的

二、古代算术名家要述

中华古算，代有人出。史籍中记载的伏羲画八卦、大挠造甲子、隶首作数、垂制规矩的传说，反映了先民对族中掌握一定数学知识的人物的崇敬。先秦诸子中，就有很多通晓数理的行家。据《宋史·礼志》记载，北宋大观三年（1109年）祀封"自昔著名算数者"，共55人上榜。清代阮元等人编纂的《畴人传》及续编、三编中，共有432名中国学者入传。中国古代数学发展史上涌现出了许多优秀的算术家，不能一一介绍，本章简单介绍其中一些比较著名的数学家。

（一）商高

中国古代最早的数学、天文学著作《周髀算经》上记载了昔日周公与商高的一段问答。周公问商周："古时伏羲作天文测量和订立历法，天没有台阶可以攀登上去，地又不能用尺来量度，请问数是从哪里得来的呢？"商高回答说："数是根据圆和方的道理得来的。圆从方得来，方又从矩得来，矩是根据乘、除法计算出来的。而计算则是'治天下'所需要的。"这是有名的"周公问数"。

周公还请教了商高用矩之道。商高用六句话简明扼要地概括了这种方法："平矩以正绳，偃矩以望高，覆矩以测深，卧矩以知远，环距以为圆，合矩以为

句股割圜之書三卷余友戴君東原所撰戴君之於治
經分數大端各究洞源委步算其一也余嘗謂儒者仰
不知天道不可以通經如命羲和爲堯典之端首一啓
卷蓋已茫然詩大雅十月之交鄭氏箋爲周正虞劇推
之在周幽王六年建酉之月劉原甫乃云夏用夏正春
秋襄公二十一年二十四年比月連書日食推步家姜
發一行皆言無此月頻食之理楊士勘穀梁傳疏以爲
疑古有之而漢初高帝文帝二十八年之閏比月日食
者再計他經史不決之大疑他端未易剖析者遠數之不
能終其物也前六載余抄得八綫表者稍稍究之今夏
初戴君以所爲句股割圜記示余讀其文辭始非秦漢

方。"这几句话在中国数学史上是十分重要的，表明了商高时代的测量技术以至整个数学的水平。

商高利用矩作为测量工具，运用相似三角形的原理"测天量地"，把测量学上升到理论，为后来的数学家推广复杂的"测望术"奠定了坚实的基础。勾股弦的关系和用矩之道是商高的主要成就。

关于商高的生平，历史上记载得很少。他是春秋时周朝人，周朝的大夫。商高的年代离我们太远了,我们甚至无法知道商高的生卒年份和身世,但他的科学创见却永远为后人纪念,他是世界上第一位被记载在史册上的数学家。

(二) 赵爽

赵爽,名婴,字君卿。关于他的生平几无考证,只知道他的最大贡献是为《周髀算经》作过注。根据注中的内容,推测他是三国时期的吴国人,作注的年代大约是在222年之后。尽管缺乏有关赵爽的具体史料,但是从《周髀算经》注中仍可以了解到他的治学观点、数学成就和数学思想。

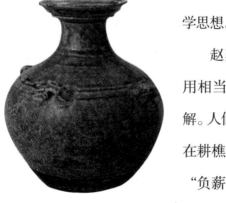

赵爽十分珍视古籍《周髀算经》,他用相当大的毅力对《周髀算经》作了注解。人们推测他是当时的一位隐士,只能在耕樵之余钻研数学。用他自己的话说是"负薪余日,聊观《周髀》"。从他为《周髀算经》所作的注来看, 赵爽通晓当时中国已相当发达的数学知识, 并取得了中国数学史上不容忽视的成就。

赵爽的数学成就, 首推他的《勾股圆方图注》, 全文不过五百多字, 却精辟地阐述了勾股定理的证明、勾股弦的关系, 并用几何方法证明了二次方程的解法。赵爽绘制了几幅《弦图》, 结合弦图巧妙地证明了勾股定理, 并得到关于勾股弦三者之间关系的命题共21条。《周髀算经》中关于量日高的问题, 赵爽在注内最先给出日高公式和它的证明。在《周髀算经》注中, 赵爽对分数运算概括出"齐同术", 为后来刘徽完整地总结齐同术作了重要的理论准备。

赵爽在数学上的成就, 足以反映出他在数学思想方法上的深刻和活跃。在他之前的一些典籍包括《周髀算经》《九章算术》等, 对一些主要数学原理的论述, 通常只有结论而无论证。赵爽在为

《周髀算经》作注时，对主要的数学原理都力图加以论证。在证明方法上，赵爽基本是通过平面图形的割补损益的等积变换方法：一是如果将图形分割成若干块，则各块面积之和等于原图形的面积；二是一个平面图形从一处移至另一处，面积不变。根据这个内容，常常可以求出两个图形之间的面积关系。赵爽对某些数学原理进行论证及在论证中对"出入相补原理"的开拓性工作，在中国古代数学史上具有重大影响。

（三）刘徽

刘徽，魏晋时人，生平不详。宋徽宗大观三年(1109年)礼部太常寺追封古代数学家爵位，刘徽被封为"淄乡男"，推测他大概是今山东淄博一带人。刘徽是我国古代数学理论的奠基者，他的杰作《九章算术注》和《海岛算经》是我国宝贵的数学遗产。

刘徽在《九章算术注》中建立的数学理论是完整的。他全面证明了《九章算术》里的公式和定理，对一般算法中的一些主要的数学概念也给出了严格的定义，并根据定义的性质，说明了这些算法的道理。例如，他给比、方程组、正负数下了非常科学的定义，并运用这些定义有效地论证了算术中的分数加减法运算、代数中的方程组解法以及几何中利用相似三角形求解的问题。刘徽对《九章算术》中关于"今有术"(比例问题)和多位数开平方、开立方法则也作了精辟的阐述。刘徽的割圆术用极限的方法证明了圆面积的公式，把圆周率算到3.1416，这是当时世界上最精确的圆周率值。他用出入相补原理证明了勾股定理和许多面积、体积公式。他还用无穷分割的方法证明了方锥体的体积公式。在球体积的计算上，刘徽创造了"牟合方盖"这一立

体模型。

刘徽在数学方面的主要成就是注《九章算术》，他把自己大部分的数学研究成果写进了他的"注"中，很多方面都达到了当时世界上最先进的水平。刘徽的功绩可以概括为两个方面，一是对中国古代数学体系进行了理论整理；二是推陈出新，进行了一些开创性的工作。

(四) 祖冲之和他的儿子祖暅

祖冲之，字文远，范阳遒县(今河北定兴县)人，生活在南朝宋、齐之间，当过南徐州从事史、公府参军等职。祖冲之生长在科技世家，自幼爱好数学和天文，把毕生精力都献给了祖国的科学技术事业。他学习前人，重视实践，通过观测、计算，制定了著名的《大明历》，还写出了很有价值的数学专著《缀术》。《缀术》博大精深，在唐朝曾被国立学校列为必读教材，要学四年，是学习期限最长的算书，可惜后来失传了。

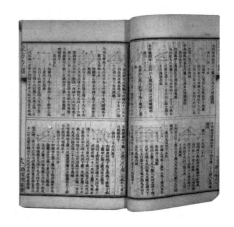

祖冲之是代表中国古代数学高度发展水平的杰出人物，"开差幂"是已知长方形的面积及长宽之差求其长与宽；"开差立"是已知长方体的体积及最短棱与其他两棱其他求其长、宽、高。

祖冲之的科学成就在我国科学技术发展史上永放光芒，他在世界科学史上也享有崇高声誉。人类第一次发现的月球背面的一个环形山谷，就是以"祖冲之"来命名的。

在祖冲之的教育、熏陶下，他儿子祖暅、孙子祖皓，家学相传，擅长历算。祖家是我国有名的科学世家。祖暅是一位博学多才的人，他对历法很有研究，曾两次建议修改历法，他指出其父所制定的《大明历》可以纠正《元嘉历法》的差错。后经梁朝太史令等实测天象，朝廷采纳了他的意见，启用《大明历》推算历书。

祖暅继承其父遗训，整理编辑了数学专著《缀术》六卷。最为突出的是他发现了等积原理："幂势既同，则积不容异"。后人称为"祖暅定理"，即夹在两个平行平面间的几何体，如果被平行于这两个平面的任何平面所截得的两个截面的面积都相等，那么这两个几何体的体积相等。祖暅用等积原理推导出了球的体积公式。

（五） 王孝通

王孝通，唐初的历算家，籍贯身世、生卒年代不详。据《旧唐书》等记载，他在唐武德年间任历算博士，后来升任太史丞，参与修历。

王孝通在数学上的最大成就是著作《缉古算经》。《缉古算经》是《算经十书》中最晚出的一部。除了已失传的《缀术》外，它是最难懂的一种，按唐朝国子监算学馆的规定，这本书要学三年。

《缉古算经》共包括二十道题目，其中有关于天文历法的题、土木工程的土方计算的题、仓房和地窖大小的问题、勾股问题等，都具有相当的难度。《缉古算经》的大部分问题都要用高次方程来解决，在隋唐时期算是比较高深的数学理论。王孝通很擅长依据实际问题列高次方程，他在每一条有关高次方程的术文下，都用注来说明方程的各项系数的来历。在古代，没有现代的符号代数，要由实际问题列出开方式(即高次方程)是非常不易的事情。王孝通关于三次方程的解法有巨大的学术价值，《缉古算经》用开带从立方法解决实际应用问题，不仅是中国现存典籍中最早的这方面记叙，

在世界数学史上也是关于三次方程数值解法及应用的最古老的珍贵著作。六百多年后，斐波那契才得出一个三次方程的数值解，至于一般三次方程的代数解法直到16世纪才出现在意大利人的著作中。

《缉古算经》中王孝通最得意的创作是建筑堤防的土方问题——"堤积"问题。他假设河岸不是平地，堤防的底面是一个斜面，而顶面是平的，那么堤的垂直横截面是上底相同而高不相等的梯形。王孝通将它分成两部分求体积：上部是一个平堤的体积，下部是一个具有梯形底及两斜侧面的楔形体(叫羡除)的体积，这样得到一个整个堤的体积计算公式。这个公式具有创造性的价值和贡献。

王孝通的《缉古算经》的开方术继承了《九章算术》及刘徽注的传统，在开带从立方方面又有创新，给中国古代的代数学砌成了一个新的阶梯，使后继者沿着它不断攀登, 发展了中国古代的高次方程数值解法。

(六) 贾宪

贾宪是我国北宋时期杰出的数学家, 生平不详, 仅知道生活于11世纪上半叶, 任过左班殿值, 著有《黄帝九章算法

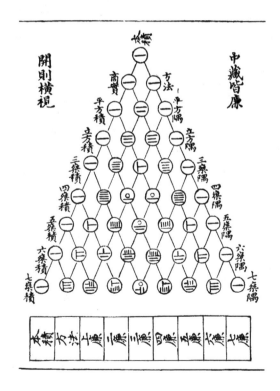

细草》，但此书早已失传。书中记有"开方作法本源图"，数学史家称之为"贾宪三角"，实际上是一个正整指数的二项式系数表。这个数表在西方称为"帕斯卡三角"，帕斯卡最先用数学归纳法证明了这个数学三角形的性质，并第一个正式指出这个数字三角是二项展开式的系数表。贾宪三角是11世纪中国数学的优秀成果之一，它是方程论的重要内容，后来又由此导出垛积和无穷级数的若干重要结果。

贾宪还创造了解高次方程的"增乘开方法"，处理的虽是最简单的高次方程，但却把正负开方术推广为一般高次方程解法的重要一步。后继者在此基础上不断研究探索，终于发展成为中国古代数学中独特的代数学理论。

贾宪创造的"增乘开方法"和"贾宪三角"都为我国古代数学赢得了极大的

荣誉。

（七）沈括

沈括(1031—1095年)，字存中，浙江钱塘(今杭州)人，生于宋仁宗天圣年间，是贾宪之后另一位作出重要数学贡献的宋代科学家。

沈括是一位博学家，他涉足的学术领域广，学识丰富，研究精深。沈括的兴趣是多方面的，政治、经济、文学、历史、地理、外交、军事以及各科学技术范畴都有所创见和论述，著作空前丰富。据《宋史·艺文志》录其著作有22种，155卷。他治学严谨，勤于探求理论与实践之间的正确关系，注重实地调查。他具有敏锐的观察能力，研究问题周密而精细，因此著述水平很高。像他这样多才多艺的全面人才，不但在数学史上极少，在整个世界史上也是罕见的。

《梦溪笔谈》是沈括晚年闲居润州梦溪园时完成的一部内容极其丰富的学术著作。现传本26卷，共有

609条内容，其中一半以上的条目与科学技术有关。沈括在数学方面有独到的见解，其中"隙积术""会圆术"是两个著名的成果。此外沈括还运用组合数学概念归纳出棋局总数，记载了一些运筹学的简单例子。

沈括创导的"隙积术"是从立体体积问题推广为高阶等差级数求和。他所解决的垛积问题对后来数学的进展具有深刻的影响。所谓隙积，就是有空隙的堆垛体，例如酒窖里垛起来的酒坛，四个侧面是斜的，像底朝天翻过来的斗。沈括

进行一番研究后，推导出了这种堆垛体的件数或体积的计算方法。"会圆术"是给出由弦、矢求弧的公式，沈括是中国数学史上由弦、矢给出弧长公式的第一人。

（八）李冶

李冶(1192—1279年)，原名李治，字仁卿，号敬斋。金代真定栾城(今河北栾城县)人，是宋、元之交金代的一位著名数学家、文学家兼历史学家。他与秦九韶、杨辉、朱世杰并称为"宋元四大数学家"。

1230年，年近40岁的李冶考取词赋科进士，出任金朝钧州知事。1232年，钧州被蒙古兵攻占，李冶只当了两年小官，就开始隐居生活。李冶是当时北方著名学者。元世祖忽必烈曾多次召见，下诏要他当官，但他多次辞官不受。他喜爱读书，求知兴趣广泛，一生著述很多。1248

年，他完成了数学名著《测圆海镜》12卷。1259年，他把前人的数学研究成果收集起来，加上自己的见解，写成《益古演段》3卷。

李冶毕生致力于数学研究，对中国古代数学作出了重大贡献。他在《测圆海镜》和《益古演段》中明确地用"天元"来代表未知数x。李冶的天元术和现代列方程的方法极为类似。"立天元一"是设未知数为x，以常数项为"太极"，在旁记"太"字，x的系数旁记"元"字。这种用"元"代表未知数的说法，也一直流传至今，如现在对有几个未知数的方程，我们就把它叫作几元方程。李冶的天元术，比欧洲16世纪类似的半符号代数足足早了三百余年。李冶除解决了列方程问题外，还对高次方程的解法进行了创新，方程各项系数和常数项可正可负均可以解。

李冶在天元术中，还创造了当时世界上最先进的小数记法。

李冶还总结了勾股容圆问题(讨论直角三角形内切圆与三边关系称为"勾股容圆"问题)。他在《测圆海镜》中提出了692条几何定理，经过证明，其中有684条都是正确的，其中有170个是勾股容圆问题。李冶把原来赵爽的研究向前推进了一大步，对我国古代关于直角三角形与圆的知识进行了全面研究和总结。《益古演段》一共有64道题，大都是各种平面图形的面积关系，解题方法往往是通过天元术和等积交换。李冶研究的数学问题，大多数都可以归结为解高次方程。

李冶是我国古代卓越的代数学家和几何学家，他能用代数方法自如地解几何问题，又擅长把数学问题通过图形直观地进行讨论。几何和代数结合起来，解决问题变得更加容易。这在世界上也是最先进的，直到17世纪笛卡儿发明解析几何为止。

（九）杨辉

杨辉，字谦光，钱塘(今杭州)人，是我国南宋杰出的数学家和数学教育家，生平不详。著有《详解九章算法》《日用算法》《乘除通变本末》《田亩比类乘除捷法》《续古摘奇算法》等书。后三种七卷一般总称为《杨辉算法》，现存本比较完善。

杨辉在《详解九章算法》中最早转

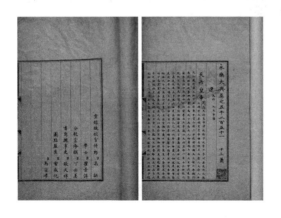

载了贾宪的"增乘开方法"和"开方作法本源"图。此书部分已失传,《永乐大典》中还保存了一部分。杨辉在《详解九章算法》中收录的"开方作法本源"图,是二项式展开的各项系数排列图,使后人知道我国发现这种排列规律,比欧洲的帕斯卡要早四百多年。因此在我国后人也称这图为"杨辉三角",这是杨辉的一大贡献。在《详解九章算法》中,杨辉还论述了级数求和问题。他和北宋的沈括、元代的朱世杰,同为世界上最早研究高阶等差级数的人。

杨辉的《详解九章算法》全面解释了《九章算术》的原题目,对注家的注释也择其重点逐句分析。杨辉除了介绍解题方法之外,为后学者着想还特地附有"细草"(图解和算草)。杨辉还对《九章算术》原书的题目进行"比类":一是与原题算法相同的例题;二是与原题算法可相比附的例题。

杨辉在他的《田亩比类乘除捷法》中，编入已经失传了的12世纪数学家刘益所著《议古根源》一书中的一些方程问题，其中有一题为四次方程，这是对高次方程的最早记载。我国宋、元数学家之所以能取得首创高次方程数值解法的卓越成就，杨辉也有不可磨灭的功劳。

杨辉的《续古摘奇算法》中有不少是趣味数学题，例如书中引人入胜的各式各样的"纵横图"，是世界上对幻方的最早的系统研究和记载。

杨辉在《续古摘奇算法》和《算法变通本末》中，不满足于利用已有的方法，强调了理论根据的重要，并对一些几何命题进行了理论证明，这对中国古代演绎几何学的独立发展，起了很大的推动作用。

杨辉治学态度严谨，经常对前人著

作的讹误提出批评，并指明正确的修正意见。杨辉在编辑各种数学著作时，旁征博引，学识非常渊博，是一位历史上不可多得的学者。

（十）秦九韶

秦九韶（1202—1261年），字道古，普州安岳（今四川安岳）人，南宋末年著名的数学家。早年曾经随父亲访习于太史局，长大后自己又去湖北、安徽、江苏各地做地方官吏，见闻甚广，多才多艺，对天文、音律、数学、建筑无一不精通。在数学方面，他善于结合当地实际生产和

生活需要，将枯燥无味的数学变得妙趣横生。

1247年左右，他写成了一部二十多万字的《数书九章》，这是一部划时代的巨著，内容丰富，论说新颖。全书采用问题集的形式，一共收入了81个问题，每个问题之后多附有演算步骤和解释这些步骤的算草图式。《数书九章》是中世纪中国数学发展的一个高峰，是一部极为珍贵的数学著作。

秦九韶有多方面的数学成就，其中最著名的是"大衍求一术"（一次同余式组解法）和高次方程的数值解法。秦九韶用"正负开方术"可以解任意次方程。"大衍求一术"和现代的求最大公约数的辗转相除法类似，西方对这类问题的类似研究要比秦九韶迟五百多年。《数书九章》中还改进了联立一次方程组的解法，《九章算术》中采

用的是"直除法"，秦九韶将之改用"互乘法"。这和今天的"加减消元法"完全一致。在书中，秦九韶还提出了"三斜求积术"，即已知三边求三角形面积的公式。这与西方有名的"海伦公式"是等价的。

秦九韶对中国古代数学作出了杰出的贡献，并且具有世界声誉，美国当代科学史家萨顿就说过秦九韶是"他那个民族、他那个时代，并且确实也是所有时代最伟大的数学家之一"。

（十一）朱世杰

朱世杰，字汉卿，号松庭，寓居在北京附近，籍贯、生平不详。他曾在各地周游二十多年，广收门徒，由此可以推测他是以讲学为生的专业数学家和数学教育家。朱世杰留下的著作有《算学启蒙》和《四元玉鉴》，这两部光彩夺目的著作都

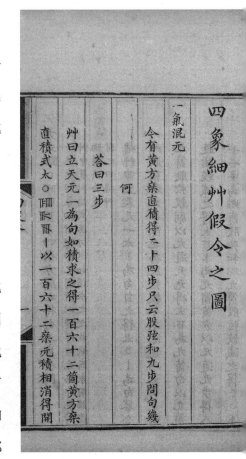

曾一度在国内失传。道光年间找到了《四元玉鉴》,《算学启蒙》则流传到了朝鲜,朝鲜把它定为教科书,后来又辗转回到中国。

《四元玉鉴》是一部划时代的杰作,书中叙述了朱世杰在世界上首创的"四元术"和"招差术"以及几何、代数上的若干问题。"四元术"建立了四元高次方程理论。朱世杰用天、地、人、物表示四个未知数,相当于现代的x、y、z、u,用"天元术"加以扩展列出方程。解高次方程组的关键是消去法,而"四元消去法"就是四元术的中心问题。朱世杰所用消元法,对任意高次方程组都是适用的,这在当时世界上处于遥遥领先的地位。朱世杰还创造了研究高阶等差级数的普遍方法——招差术(逐差法),在世界数学史上第一次正确地列出了三阶等差

级数的求和公式。他这一方法和现代的"牛顿公式"是一致的，提出时间却比牛顿要早将近四百年。

《算学启蒙》一书由浅入深，循序渐进，是一部很好的数学启蒙书籍。这本书全面地介绍了中国宋元时期的数学，在17世纪传入日本，对日本数学的发展产生了较大的影响。这本书在各种计算方法和步骤上都有不少灵活巧妙的独创内容。

宋元时期是我国古代数学发展的一个高峰期，名家辈出，而朱世杰又是宋元数学家中出类拔萃的一位。秦九韶、李冶精于天元术，沈括、郭守敬擅长差分法，而朱世杰兼有二者之长。他将天元术推广成四元术，对差分法也有进一步研究，他的《四元玉鉴》是中国古代最杰出的数学著作之一。宋、元数学演进至此，达到了登峰造极的地步。

三、古代算书要览

中国古代数学在悠久的发展历史中涌现出了许多优秀的数学家，他们留下了大量的数学著作。这些古算书一方面使得许多具有世界意义的成就得以流传下来，另一方面也是后人了解古代数学成就的丰富宝库。中国古代数学有两个辉煌时代，一个在魏晋南北朝，另一个出现在宋元时期。衔接这两个时代的醒目事件，是唐代官刻的《算经十书》。它既总结了前一时代的优秀成果，又为后一时代的研究者提供了课题和规范，其中最重要的是标志着中国古代数学体系已具规模的《九章算术》，是我们了解古代数学必不可少的文献。下面我们就简单介绍一下每个时期的重要算书，鉴于《九章算术》在我国古代数学体系中的重要性，单列一节介绍。

（一）先秦数学作品和竹简《算数书》

1.先秦数学作品

中华文明的众多思想和学术成就都可以在先秦诸子中找到渊源。儒家重视六艺的修养，其中的"数"在春秋战国时已经被看作是一门独立的学科了，《周礼·地官》中明确规定贵族子弟从小要学习"九数"。墨家和名家重视逻辑推理和理性思辨，他们提出的一些命题具有深刻的数学内涵。在《周礼》《墨子》《庄子》等先秦著作中，都可以发现一些有关数学知识的记载。但是诸子百家中似乎没有人写过一部专门的数学著作。

但这不能说明秦代以前没有产生过数学作品。刘徽在为《九章算术》作的序中提到：秦始皇暴政，焚书坑儒，致使很多先秦书籍都散乱失传了。后来西汉初年的张苍、耿寿昌都以擅长算术闻名于世，他们"因旧文之残遗，各称删补"。从后文来看，这里的"旧文"应该就是刘徽所注《九章算术》的前身，而且成于秦火之前，应该是战国晚期的作品。

2.竹简《算数书》

1983年底，在湖北省江陵县张家山出土了一批西汉初年（即吕后至文帝初年）的竹简，共千余支，其中有律令、《脉书》《引书》、历谱、日书等多种古代珍贵的文献，还有一部数学著作。

《算数书》约有竹简二百多支，其

中完整的有一百八十五支，十余根已残破，因为在一支竹简的背后发现写有"算数书"三字，故以此为名。经研究，它和《九章算术》有许多相同之处，体例也是"问题集"形式，大多数题都由问、答、术三部分组成，而且有些概念、术语也与《九章算术》的一样。全书总共约七千多字，有六十多个小标题，如"方田""少广""金价""合分""约分""经分""分乘""相乘""增减分""贾盐""息钱""程末"等等，但未分章或卷。

《算数书》是人们至今已知的最古老的一部算书，大约比现有传本的《九章算

术》还要早近二百年，而且《九章算术》
是传世抄本或刊书，《算数书》则是出土
的竹简算书，属于更珍贵的第一手资料，
所以《算数书》引起了国内外学者的广泛
关注，目前正在被深入研究中。

（二）《九章算术》

《九章算术》是中国古代最著名的
传世数学著作，又是中国古代最重要的
数学经典。从它成书直到明末西方数学
传入之前，它一直是学习数学者的首选教
材，对中国古代数学的发展起了巨大的作
用。它之于中国和东方数学，大体相当于
《几何原本》之于希腊和欧洲数学。在世
界古代数学史上，《九章算术》与《几何
原本》像两颗璀璨的明珠，东西辉映。

1.成书时间

《周礼》虽然提到了"九数"，但未
给出具体名目。郑玄（127—200年）注

《周礼》时引用东汉初郑重之说道："九数：方田、粟米、差分、少广、商功、均输、方程、赢不足、旁要，今有重差、夕桀、勾股也。"其中大部分与《九章算术》的篇名对应。刘徽《九章算术》序则说：

"周公制礼而有九数，九数之流，则九章是矣。"因此可以看出，"九数"是《九章算术》的渊源。《九章算术》是先秦到西汉中国古代数学知识的总结和升华，它的形成有一个较长的历史过程。

至于《九章算术》被最后编定的时间，数学史上历来众说纷纭。到目前为止，关于《九章算术》的成书经过，最明确的还是刘徽的那段话，即在西汉中期耿寿昌删补之后，《九章算术》已具有与今日所见之版本大体相同的形式了。

2.结构和内容

《九章算术》是一部中国古代数学问题的解题集，全书共分九章，一共搜集了246个数学问题，以问题集和解法的方式编撰而成，系统地对我国先秦到东汉初年的数学成就作了全面总结。所谓"九章"，即指内容上分为九大类，分别是：

第一章方田，介绍各种形状的田亩面积计算。主要是为了适应统治者征收田赋的需要，因为面积不全是整数，所以还连带讲到分数的算法。

第二章粟米，介绍各种粮食谷物间的交换计算。先列出各种粮食之间的交换律，然后用"今有术"来计算。"今有术"就是比例，是从"所有律""所求率""所有数"去求"所求数"的算法。

第三章衰分，介绍了配分比例和等差、等比数列等问题。衰是依照一定的标准递减，按一定标准递减分东西叫作衰分。

第四章少广，介绍从田亩（平面图形）的面积，或者球的体积，求出边长或者径长的算法。这章有世界上最早的多位数开平方、开立方法则的记载。

第五章商功，介绍各种体积的计算问题。为储存粮食要计算仓库的容积，为挖渠筑堤要计算土方，这类工程问题的计算叫作商功。涉及的形体有长方体、棱柱、棱台、圆锥、圆台、四面体等。

第六章均输，介绍按比例分摊赋

税和徭役问题。农民交的税粮由各县运送到中央，运费要从税粮里扣除，这中间涉及县的户口多少、车辆数目等。

第七章盈不足，介绍根据两次假设求解问题。盈不足术是中国古代解决问题的一种巧妙方法，实际上就是现在的线性插值法。

第八章方程，介绍一次方程组解法。"方"就是把一个算题用算筹列成方阵的形式，"程"是度量的总名。"方程"的名称，就来源于此。它给出了联立方程的普遍解法，并使用了负数。这在数学史上具有非常重要的意义。

第九章勾股，介绍与勾股定理有关的

若干测量问题。其中的"勾股容圆"问题引发了中国古代数学的整个研究方向，到金朝时，李冶集大成，写出了《测圆海镜》一书。

3.成就与影响

《九章算术》的数学内容十分丰富，在现今属于算术、代数、几何等学科的许多领域中都取得了十分重要的、在当时可以说是领先于世界的数学成就。它记载了当时世界上最为先进的分数运算和各种比例算法，还记载了世界上最早的负数和正数加减法法则。书中的一次方程组的解法和现代中学讲授的方法基本相同，却比西方国家的同类成果早出一千五百余年。

魏晋时期，在数学方面最有成就的当推著名数学家刘徽。他为《九章算术》作的注中提出了计算圆面积(也可以说是计算圆周率)的方法——"割圆术"。他从圆的内接正六边形算起，依次将内接正多

边形的边数加倍，计算了圆内接正十二边形、正二十四边形、正四十八边形、直到正九十六边形的面积。他认为如此逐渐增加圆内接正多边形的边数，"割之弥细，所失弥少，割之又割以至于不可割，则与圆合体无所失矣"。刘徽在我国数学史上将极限的概念用于近似值的计算，他创立的"割圆术"只需计算圆内接正多边形，这与古希腊阿基米德同时需要计算圆内接多边形和圆外切多边形的方法相比，可以说是事半功倍。

《九章算术》对中国后来的数学影响很大，直到唐宋时代，它一直是主要的数学教科书。日本、朝鲜和亚洲的一些国家都曾以它为教科书，其中一些算法，如分数、比例等，还传到西域并辗转传入欧洲等国。

（三）汉唐算书

经过汉唐一千多年来的发展，中国古代数学业已蔚然大观，其著作则以"算经十书"为代表。隋唐两代在国子监内设算学馆，科举考试中也增设了明算科。唐高宗时，太史令李淳风与国子监博士梁述、太学助教王真儒等受诏注释十部算经。"算经十书"是我国汉代至隋唐以前的十部最出色的数学著作，它们在中国数学史上占有重要的地位，包括《周髀算经》《九章算术》《海岛算经》《孙子算经》《夏侯阳算经》《张丘建算经》《缀术》《五曹算经》《五经算术》和《缉古算经》。

以上十部算经，至北宋时，《缀术》已经亡佚，《夏侯阳算经》亦非原本。到了南宋嘉定六年，鲍瀚之翻刻北宋所刻算经时，将《数术记遗》一道付刻，用以代替失传的《缀术》，这样仍算是十部算经。前面已经介绍了《九章算术》，下面再简单说一说"算经十书"的另外九部。

1.《周髀算经》

原名《周髀》，作者不详，大约成书于公元前1世纪的西汉时期，它是一部关于天文历算的著作，主要阐明"盖天说"和"四分历"法。唐代国子监里有"算学"科，最重视《周髀》，把它列为十种课程之一，并且改名为《周髀算经》。赵爽、甄鸾和李淳风都曾为之作注。

研究天文学必须测量，周代在洛阳观象台上立一个八尺长的表（类似现在的标杆），垂直于水平地面，在中午量竿的影长，以此求太阳的高度。表高和影长可看作直角三角形里的股和勾。股是腿，古时叫作髀，所以髀是表的代称，"周髀"就是"周代的测量学"的意思。

《周髀》分上下两卷。上卷主要讲测量工具，有勾股定理的结论。三国时吴国的赵爽对勾股定理的一般性质做了十分可贵的证明，包括勾、股、弦各种互相推算的理论与方法；下卷主要是历法的推算，其中有相当复杂的分数乘除、等差插值法。

古代人由于历史条件的限制，很多理论的出发点就是错的，例如在测日高、日远的方法中，认为地是一个极大的平面，这样得出的结果当然也是错误的，但在平面测量上却有精巧的理论与方法。后来的重差术，就是从这里发展起来的。

2.《海岛算经》

《海岛算经》是刘徽撰写的，原名"重差"，最初是他在《九章算术注》中增补的一卷，共有九个题，体例亦是以应用问题集的形式，主要

采用周髀测日高的方法解决实用测量问题。由于此卷中第一个题目是讲如何测量海岛的高和远的问题，所以在唐代单行这一卷时命名为《海岛算经》。因为测量时都要取两个观测点，计算时用两个测点间的距离，这就是两测点与被测物距离的差。另外还要用两个测点到表的距离的差(影差)，所以叫作"重差"。

这本书是我国最早的一部有关数学测量的专著，同时也是中国古代地图学的基础之作。

3.《孙子算经》

《孙子算经》大约是在公元400年前

后(东晋末年)写成的,作者生平不详。现在传本的《孙子算经》共上、中、下3卷。上卷叙述竹筹记数方法、乘除运算方法;卷中讲分数计算方法、开平方法,也有些应用问题;卷下收集了一些应用问题,解题方法大多浅近易懂。

其中具有重大意义的是卷下第26题:"今有物不知其数,三三数之剩二,五五数之剩三,七七数之剩二,问物几何?答曰:'二十三。'"《孙子算经》不但提供了答案,而且还给出了解法。南宋大数学家秦九韶则进一步开创了对一次同余式理论的研究工作,推广"物不知数"的问题。德国数学家高斯于1801年出版的《算术探究》中明确地写出了上述定理。1852年,英国基督教士伟烈亚力将《孙子算经》"物不知数"问题的解法传到欧洲,从而在西方的数学史里将这一个定理称为"中国的剩余定理"。

4.《夏侯阳算经》

唐代立于官学的《夏侯阳算经》原书已失传,作者不可考,写作年代应当在《张丘建算经》之前。现在流传的《夏侯阳算经》实际是北宋刻书时将唐大历年间韩延所撰的《实用算术》一书托名编刻,比《张丘建算经》晚三百年,比《数术记遗》至少晚二百年。现传本共3卷,其中记载了相当多的乘除简捷算法及解答应用题,并对十进制小数进行了推广。

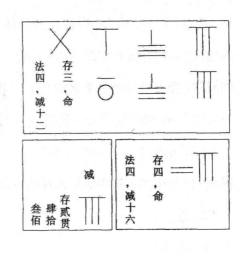

5.《张丘建算经》

《张丘建算经》是南北朝时北魏张丘建编撰的,据近代考证大约是编写于466—483年间。《张丘建算经》分上、中、下3卷。卷上有分数运算、开平方,答案数据多半是分数的,还提到了最大公约数与最小公倍数的应用问题;卷中有等差等比数列,面积换算(方圆互变),关于棱柱、棱锥、圆台、棱台、拟棱柱等的体积问题，许多题包含着相似三角形的比例问题；卷下第38题是著名的"百鸡问题"，按现代数学来说就是三个未知数的两个一次方程的不定方程组。这是中国古算中最早出现的不定方程问题。

6.《缀术》

《缀术》系南北朝大数学家祖冲之和他的儿子祖暅共同撰写，原书已失传。据《隋书·律历志》和《九章算术》反映，《缀术》中可能有精密的圆周率、三次方程的解法和正确的球体积计算等成就。

7.《五曹算经》

《五曹算经》是北周甄鸾编著的。全书分田曹、兵曹、集曹、仓曹、金曹等五卷，故总名《五曹》，是一部为地方行政官员编写的实用算术书。"曹"是魏晋时期的官署名，例如隋朝有兵曹，相当于现代的军政部。全书分别叙述了计算各种形状的田亩面积、军队给养、粟米互换、租税和仓储容积、户调的丝帛和物品交易等问题。

8.《五经算术》

《五经算术》也是北周甄鸾编写的，共计2卷，它主要是对《诗》《书》《易》《周礼》《仪礼》《论语》《左传》等经籍的古注中有关数字计算的地方进行解释。东汉时期注解经书的文人都通晓数学，他们在注解中加入些数学知识，但是缺少计算过程，读书人照样不懂。甄鸾便把这些数学知识中的计算方法写出来，作为注的注解，内容不深，但对解读经文

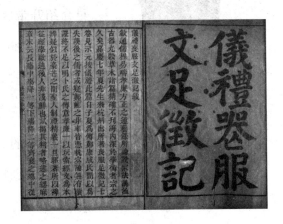

有所裨益，是研究中国古代数学与经学之关系的最好材料。

9.《缉古算经》

《辑古算经》是唐初数学家王孝通编撰。显庆元年(656年)，国子监的算学馆把《缉古算术》改名《缉古算经》，列为学生的一门课程。王孝通对此颇为得意，在《上缉古算术表》中称："请访能算之人考论得失，如有排其一字，臣欲谢以千金。"

全书提出了关于建造堤防、勾股形及各种棱台的体积求其边长的算法等20个问题，大部分用高次方程求解，是现存最早介绍开带从立方的书籍，在多面体求积方面亦有创新。

当然，汉唐算书远不止这十部，还有董泉的《三等数》、信都芳的《黄钟算法》、刘祐的《九章杂算文》、阴景愉的《七经算术通义》等等，这里就不再多表。

（四）宋元算书

宋、元时期是中国古代数学最辉煌的时代。在明代中叶珠算广泛流传之前，中国古代数学一直是以算筹为主要计算工具的，并以此为中心形成了世界数学史上独具一格的特色。这一时期出现了许多颇有成就的数学家和数学著作。特别是13世纪下半叶，短短几十年时间，就出现了李冶、秦九韶、杨辉、朱世杰等四位伟大的数学家，宋元算书中的精品大多都是这四大名家的代表作。

1.《数书九章》

1247年，南宋数学家秦九韶著。《数书九章》全书共18卷，81题，分为大衍、天时、田域、测望、赋役、钱谷、营建、军旅和市易九大类。该书在写作体例和选用题材方面都继承了《九章算术》的传统，但是中国古算构造性和机械化的特色得到了更为突出的体现。书中的"大衍求一术"系统叙述了一次同余式解法，正负开方术发展了"增乘开方法"，完整地解决了高次方程求正根问题。其演算的步骤和19世纪英国数学家霍纳的方法全然相同，但却比他早了约七百年。

2.《测圆海镜》与《益古演段》

此二书都是李冶阐述天元术的著作。《测圆海镜》12卷，著于1248年，原名《测圆海镜细草》。该书叙述了一百七十个用天元术解直角三角形的容圆问题，借助于各种几何关系来建立高次方程，

从而全面、系统地介绍天元术
的理论和算法。《测圆海镜》
是我国现存最早的对天元术
进行介绍的著作。1259年,
李冶在蒋周所撰《益古集》
的基础上又编成《益古演段》3
卷,是一部普及天元术的著作。

　　3.《详解九章算法》与《杨辉算法》

　　南宋杨辉先后编有《详解九章算法》
《日用算法》和《杨辉算法》等。《详解九
章算法》12卷,现已残缺不全。根据杨辉
自序可知,该书是选取魏刘徽注、唐李淳
风等注释、北宋贾宪细草的《九章算术》
中的80问进行详解。在此基础上,又增
加了"图""乘除""纂类"3卷。在著作
体例上,作者引入了图、草和"比类"等
内容。书中保存了许多珍贵的数学史料,
例如贾宪的"开方作法本源"图,又称为
"贾宪三角"或"杨辉三角"。它是一个
由数字排列成的三角形数表,一般形式

如下：

$$1$$
$$1 \quad 1$$
$$1 \quad 2 \quad 1$$
$$1 \quad 3 \quad 3 \quad 1$$
$$1 \quad 4 \quad 6 \quad 4 \quad 1$$
$$1 \quad 5 \quad 10 \quad 10 \quad 5 \quad 1$$
$$1 \quad 6 \quad 15 \quad 20 \quad 15 \quad 6 \quad 1$$

杨辉三角最本质的特征是：它的两条斜边都是由数字1组成的，而其余的数则是等于它肩上的两个数之和。

《杨辉算法》是杨辉后期三部数学著作的合称：《乘除通变本末》3卷、《田亩比类乘除捷法》2卷和《续古摘奇算法》2卷。前两书包括许多实用算法，后书中有各类纵横图并讨论了若干图的构成规律。

4.《算学启蒙》与

《四元玉鉴》

两书皆为大数学家朱世杰所撰。《算学启蒙》3卷，成书于1299年。全书共259问，分为20门，从乘除口诀开始，包括面积、体积、比例、开方、高次方程，由浅入深，循序渐进，是一部优秀的数学启蒙读本。

《四元玉鉴》3卷，著于1303年，是朱世杰的名山之作。全书共288问，分为24门。书中用"天""地""人""物"四字代表四个未知数，系统地介绍了二元、三元、四元高次方程组的布列和解法。解法的关键是消元，将多元高次方程组化成一元高次方程，然后应用增乘开方法来解。《四元玉鉴》的另一杰出成就是垛积招差术。垛积即高阶等差级数求和，招差即高次内插法，朱世杰在这两方面都取得了卓越的成果，比西方同类工作要早出四百年以上。

5.其他宋元算书

除了上述四大名家的著作之外，宋元时代还有很多重要的算书。对于增乘开方方法的完善起过作用的，有佚名的《释锁算书》、贾宪的《皇帝九章算法细草》、刘益的《议古根源》等。对于天元术直至四元术的演化发展产生过影响的，可以举出蒋周的《益古集》、李文一的《照胆》、石信道的《铃经》、刘汝锴的《如积释锁》等。此外，这一时期还有一些虽然不是专门的算书，但其中有相当多数学内容的著作，例如沈括的《梦溪笔谈》、沈立的《河防通议》、刘瑾的《律吕成书》、赵友钦的《革象新书》等。

（五）明清算书

明代数学式微，明人所撰算书也少有新意，唯有朱载堉的工作是个例外。从历史的角度看，吴敬、王文素和程大位的工作也有一定意义。

明末，西方数学开始传入中国，1607年，徐光启和意大利传教士利玛窦合作翻译了欧几里得的《几何原本》前6卷，李之藻和利玛窦合作编译了西方笔算著作《同文算指》，以及几何学著作《圆容较义》和《测量法义》等。明、清之际出现了一些融会贯通中西数学的学者和著作，其中影响较大的有王锡阐、梅文鼎和陈世仁诸家。

到了清代雍正年间，统治者对外采取"闭关"政策。在这种情形下，数学家们又转向古代数学的研究和整理。他们把古代的"算经十书"以及宋、元数学家秦九韶、李冶、朱世杰等人的著作都重新加以整理刻印，其中有些书收入《四库全书》之中，他们为中国数学在理论上开拓了新纪元。

1.《律学新说》《律吕精义》和《算学新书》

此三书均为朱载堉所写。前两书的主要贡献在于阐述作者所创十二平均律的理论，其数学意义是通过25位数字的四则与开方运算，显示了当时的数学从筹算过渡到珠算之后，仍然继承了程序化与算法化的传统。《律学新说》中还探讨了纵、横两种"黍律"尺的数量关系，相当于九、十两种不同进位制小数之间的换算关系，和现代数学理论得出的结果完全一致。

《算学新书》具体阐述了用算盘进行高位开方运算的程序。书中说道："要学开方，必须要造一个大算盘，长九九八十一位，共五百六十七子。"可见作者需要处理的数据是极其庞大的。论及十二平均律的计算时，书中还应用了指数定律和等比数列的知识。

2.《算法统宗》与《算法纂要》

《算法统宗》，明朝程大位撰，成书于1592年。全书共17卷，592题，摘自各家

算书。前两卷介绍基础知识，包括珠算口诀；中间部分对应《九章算术》各章，但解题均用珠算；后五卷是以诗歌形式表达的"难题"和不好归类的"杂法"。该书的出版刚好适应了明代商业繁荣的社会需要，因此

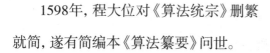

得以广泛和久远的流传。明、清两代读书被一刊再刊，并流传到了日本、朝鲜、东南亚各国。

1598年，程大位对《算法统宗》删繁就简，遂有简编本《算法纂要》问世。

3.《梅氏丛书辑要》

这是清代数学家梅文鼎及其孙梅珏成的天文、数学著作集。由梅珏成在祖父去世后率族人将其遗作重新加以整理、校订，并将自己的两卷文稿附于其后，于乾隆二十四年（1759年）以承学堂名义刊行。共含梅文鼎天文、数学著作23种，集中收有其数学著作共13种。它们是：《笔算》5卷、《筹算》2卷、《度算释

例》2卷、《少广拾遗》1卷、《方程论》6卷、《勾股举隅》1卷、《几何通解》1卷、《平三角举要》5卷、《方圆幂积》1卷、《几何补编》4卷、《弧三角举要》5卷、《环中黍尺》5卷、《堑堵测量》2卷。

其中,《笔算》《筹算》与《度算释例》分别介绍明末以来传入的西方笔算、纳皮尔算筹和伽利略所创造的比例规算法。《方程论》提出把传统的"九数"分别纳入"算术"和"量法"这两大分支的数学分类思想。《少广拾遗》和《方圆幂积》分别讨论高次开方及球体体积与其弧长、重心的关系。《勾股举隅》则

用图验法对勾股定理及各种公式进行证明，其中的4个公式是首创的。《几何通解》用勾股和较术来证明《几何原本》中的命题，体现出"几何即勾股"论。《几何补编》为梅文鼎对立体几何的独立研究成果，其中有对正多面体及球体互容问题的分析，对半正多面体的介绍和分析，引进球体内容等径相切小球问题，讨论其解法及其与正、半多面体结构之关系等。《平三角举要》和《弧三角举要》是中国第一套三角学教科书。两书循序渐进，由定义到公式和定理，由平面到球面，以算例加以说明。《环中黍尺》是一部借助投影原理图解球面三角问题的专著，其中的球面坐标换算法的原理与古希腊托勒密法不谋而合。《堑堵测量》利用多面体模型来显示天体在不同球面坐标中的关系，并对前人在授时历中创造的黄赤相求法作了三角学诠释。

《梅氏丛书辑要》所刊书目都是清代数学、天文学史上的珍贵文献，在1759年首次刊行之后，广为流行，有许多不同的刊本，影响很大。

4.《割圆密率捷法》

这是清代科学家明安图积三十余年心血写成的一部讨论无穷幂级数的著作。此书在明安图生前尚未定稿，他临终前嘱其门人陈际新等人整理校算，于1774年刻成书稿4卷，1839年据抄本出版

第一个印刷本。

《割圆密率捷法》共4卷。首卷列出了9个无穷幂级数的公式，其中前3式为杜德美所传，其余6式为明安图独创，而清代人误认为全为杜德美所传，故称之为"杜氏九术"。本书后面3卷主要阐述9个公式的来源。作者所用的"割圆连比例法"，创造性地运用连比例关系把几何中的线段用代数形式表示出来，融会了中国古代数学中二等分弧法与西方数学中五等分弧法，然后将它们加以整理就得出一连串所需的无穷幂级数展开式。在推导过程中，运用并发展了中国古代数学中的极限思想，指出对弧无限分割后弧与弧彼此接近，可以从中彼此相求的方法，从而归纳出已知弦长和圆半径求相对应的弧长的普遍公式。书中还开创了由已知函数的展开式求其反函数展开式的方法，后来被人称为"级数回求术"，为三角函数与反三角函数的解析研究开辟了新的途径，从而揭开了中国清代数学家钻研无穷幂级数的序幕。

5.其他明清算书

明清时期还有很多算书，像明朝吴敬的《九章算法比类大全》、王文素的《通证古今算学宝鉴》，清朝汪莱的《衡斋算学》、李锐的《李氏遗书》、项名达的《象数一原》、戴煦的《求表捷术》和李善兰的《则古昔斋算学》等等。但是像《算经十书》、宋元算书所包含的那样重大的成就便不多见了。特别是在明末清初以后的许多算书中，有不少是介绍西方数学的。这反映了在西方资本主义发展进入近代科学时期以后我国科学技术逐渐落后的情况，同时也反映了中国数学逐渐融合到世界数学发展总的潮流中去的一个过程。

四、古代记数制度与计算工具

（一）世界上最早的十进位值制记数法

十进位值制记数法是人类文化史上的一大发明，它可以和字母的发明相媲美。前者只需要用十个数字就可以表示任何数，而后者只需要用几十个字母就可以写出所有的文字。十进位值制记数法包含两个要素，一个是十进制，另一个是位值。所谓十进制，就是我们平时所说的"逢十进一"和"退一当十"。所谓位值制，就是一个数码表示什么数，不仅取决于这个数码本身，而且还要看这个数码所在的位置。例如同一数码2，在23中表示20，在32中表示2，在2300中表示2000，就是因为它所在的位置不同。

这一思想在今天看来是如此简单，但是在历史上并不是所有的古代民族都自然地采用十进位值制的：古代巴比伦人采用六十进制；玛雅人和阿兹台克人采用二十进制；罗马人则用五至十混合进制；古代埃及和希腊虽然采用十进制，但是未曾出现位值概念。印度十进位值制虽已在巴克沙利手稿上看到（时间大约不早于三四世纪），实际上到6世纪末才正式使用。

我国自古以来就使用十进制，在公元前14世纪殷代甲骨文上以及周代青铜器铭文中已有数字写法和十进制法的记录。在商代甲骨文记数的文字中，自

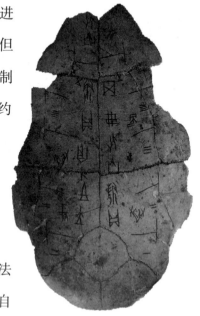

然数都用十进位制，其中一、二、三、四、五、六、七、八、九、十、百、千、万各有专名，用十三个单字表示。西周金文继承了殷商甲骨文的记数制，仅个别数符有所变化。应该说，中国是世界上最早产生这一概念并确立完善的十进位值记数制度的国家。

有了方便的位值制记数法，自然就有简捷的四则运算法，进而又发展成为一整套以算为中心的解题方法，如分数算法、开平方开立方、联立方程的分离系数

法、直到后来的高次方程的数值解法等
等，在世界上都处于领先地位，这些都得
益于我国具有方便的记数法。

(二) 算筹与筹算

1.算筹

在人类文化历史上，许多民族都曾
有各自不同的计算工具。"算筹"是中国
古代特有的主要计算工具，它的出现使十
进位值制在中国得以完备和最终确立。
什么是"算筹"呢？就是一些长短粗细一
样的小棍子，大多是用竹子、木、骨、铜、
铁等材料制作。

从西周直至宋、元，在长达两千年
历史时期内，"算筹"是我国社会各行
各业通用的算具。到汉代时"算筹"
已很流行，一些知识分子经常把"算
筹"带在身上。我国古代怎样用算筹
记数呢？《孙子算经》《夏侯阳算经》编

有押韵的口诀："凡算之法，先识其位，一纵十横，百立千僵。千十相望，万百相当。""满六以上，五在上方，六不积算，五不单张。"记五或小于五的数，几根算筹就表示几，记六、七、八、九用一根横置的筹以一当五，放在上面。

用算筹表示多位数则有纵、横两种方式。纵横式摆法如下：摆多位数时，个位用纵式，十位用横式，百位再用纵式，千位再用横式……这样纵横相间，依此类推，遇到零时就不放算筹留个空位。这样用算筹纵横布置，就可以表示出任何一个自然数。由于算筹纵、横相间布列，以空位显示的零很容易识别。除了符号不同以外，算筹记数制所表示的自然数与现今使用的十进位值制完全一样。算筹在我国使用了两千多年，直到15世纪算盘推广后，才逐渐退出历史的舞台。

2.筹算

算筹指算具，筹算则指算法。广义上讲，筹算应是一个由一系列算法所构成的数学体系和在中国历史上延续了一千五百余年的科学传统。它的核心是十进位值制和分离系数法，算筹只不过是

它所倚重的一个工具而已。

北宋布衣学者卫朴是我国古代算家布算运筹的典型。沈括在《梦溪笔谈》中称他"运筹如飞，人眼不能逐"。张耒在其《明道杂志》中更是记载了一个近乎神奇的故事：卫朴在布算的时候，算筹摆满了桌子，他只要以手轻轻抚一下，若是有人偷偷拿走了一根算筹，他只要再抚一下桌面就可以察觉。如果古代算家没有这样娴熟的布算运筹技巧，很难设想祖冲之可以把圆周率正确地计算到七位有效数字，秦九韶能够解出高达10次的数字方程。

筹算的加减法和乘除法都是由"高位算起"，筹算的乘法在《孙子算经》《夏侯阳算经》中叙述得很详细：把相乘二数一上一下对列，上位列乘数，下位列被乘数，中位留给乘积。被乘数的最低位与乘数的最高位对齐，然后用上面数中的最高位数依次自左而右地乘下面数的

每一位，结果随乘随加。乘遍下数之后，便将该位数去掉，并将下面的数右移一位；再用上面次高位数遍乘下数的每一位，结果仍随乘随加入中间一列，以下按此原则继续，直到最后一位。中间一列得出来的数就是乘得的积。筹算的除法与乘法相反：在除法中，被除数称为"实"，除数称为"法"，除得的结果称为商。商在上位，实在中位，法在下位。筹算做除法时，随乘随减。

筹算乘除法当然离不开"九九歌"。中国到春秋战国时，"九九歌"就已被广泛利用、流传。筹算为古代数学家提供了应用分离系数法的途径，从而使得一些数学关系的表达和有关的运算得以大大

地简化。利用筹算体系的纵横捭阖，中国
古代数学取得了一些脍炙人口的成果，诸
如开平方和开高次方、解高次方程、解线
性方程组和高次方程组、计算圆周率、解
一次同余式组、造高阶差分表等等。

（三）算盘与珠算

　　算筹可以说是数学机械化的最早形
式。它可以利用简单的工具从事相当广泛
而复杂的运算，但是它纵横排列的算法
必然影响到其布算速度，而且具有占地

面积大、运算过程中算筹易于被移动等缺点。在频繁的商业交往和诸如军事、工程之类的野外作业中，筹算有时就显得捉襟见肘了。人们在长达上千年的历史中始终尝试着对算具和算法进行改革，在人们长期的实践活动中，珠算在算筹的基础上慢慢发展起来，最终算盘取代了算筹，筹算发展成了珠算。

中国是珠算的故乡，但有关"珠算术"的最早书籍并没有留传下来，创造珠算盘的年代和地区也难于考证。"珠算"这个名词，早在190年左右东汉末徐岳所著《数术记遗》一书中就已经出现。570年左右，北周数学家甄鸾在此书的注释中描述，每位有五颗可移动的珠，上面一颗相当于五个单位，下面四颗中每一颗相当于一个单位。这和现代的算盘非常相像。

到了15世纪左右，珠算进一步发展起来，由于珠算的普及，筹算被淘汰了。

民间数学的发展，使珠算技术日臻完善，运算大为简便，人们在实际生产和日常生活中都普遍采用了珠算。演算工具的改进和简化，对数学的发展是至关重要的进步和贡献。

算盘发明后，原有筹算术的四则运算方法逐渐转变为珠算术的运算方法。关于珠算术，明代吴敬1450年著的《九章算法比类大全》的记载最早。他的著作不但明确提到算盘，而且载有一些只有在珠算中才能出现的算法。如"一弃四作五""无一去五下还四"等。

明代中晚期是珠算的黄金时代，这

一时期出现了许多专门介绍珠算的书籍和珠算家，各种珠算算法和相应的口诀也被发展完善。也正是在这一时期，珠算不仅广泛流行于民间，而且陆续被传播到日本、朝鲜、越南、泰国等地，对这些国家的数学发展产生了重大影响。

明代珠算书很多，其中以程大位的书流传最广、影响最大。他编写了一本多达17卷的《算法统宗》，系统完备地介绍了珠算术，是一部以珠算盘为计算工具的应用数学书。书中列有算盘式样，各种运算口诀，如"一上一，一下五除四；一退九进一十……"等。这和现代珠算口诀完全一致。

珠算的乘法口诀就是九九口诀，除

法一般用宋元数学家创造的九归口诀。程大位明确规定了"九九合数"应"呼小数在上，大数在下"；"九归歌"应"呼大数在上，小数在下"。例如"六八四十八"即是乘法口诀，"八六七十四"是九归口诀。这些口诀相当完善，应用方便，直到现在还在通用。

除了通常的四则运算外，珠算也用于开方、解高次方程和其他计算问题。程大位的《算法统宗》涉及的各类计算问题均用珠算解决。《算学新说》里详细地介绍了珠算开方的过程。可见作为计算工具，珠算基本可以涵盖筹算的功能，但是运算速度却比后者快很多。

清代虽然传入了西方的笔算、纳皮尔筹算和比例规算法等，但是珠算仍是主要的计算手段。直到今天，珠算在我们的生活中仍然发挥着重要的作用。

五、古代数学与社会

（一）封建大一统的数学观

中国古代数学从孕育、产生、兴盛直至衰微，一直深受中国古代政治文化的支配和影响。中国古代数学的政治性质表现出其在历史进程中明显的二难困境：一方面，它使得数学研究能够在国家制度的保护与支持下维持并保存下来，并在一定程度上促进了数学与数学教育的发展；另一方面，受制于政治皇权的需要，

数学被赋予极强的政治功利色彩，扮演着可悲的奴仆角色，始终未能获得相对独立的文化地位，其长足进步因此受到极大的遏制。

数学作为政治皇权与统治的工具在远古时代就被确定下来。早期人类往往把知识的起源归于本氏族的领袖和英雄，这就是圣人制数说的文化学渊源。汉代是封建大一统成熟完善的时代，"天人合一"的自然历史观成为维护王道正统的理论支柱，圣人制数说被采纳到官修正史中。《周髀算经》卷上就开宗明义地点明了数与政治制度的直接关联："故禹之所以治天下者，此数之所生也。"《易传·系辞下》记有："上古结绳而治，后世圣人易之以书契，百官以治，万民以察。"从远古时起，结绳与书契就成为治国安邦的最有力手段。

曾为王莽制作统一度量衡制的标准量器——"律嘉量斛"的刘歆表达了数学在国家管理方面的作用："数者……夫推历、生律、制器、规圆、矩方、权重、衡平、准绳、嘉量……"

中国古代的天文历法具有强烈的政治色彩，而数学作为进行天文与历法研究必不可少的工具，更有其政治意义。在古代，算术一词有推算历象之术的含义。许多历法的革新与修订都是在采用新的数学理论与方法的基础上进行的。如汉末天文学家刘洪创立一次内插法公式而制"乾象历"；隋代天文学家刘焯在《皇极历》中提出了"等间距二次内插法"；为了能得到

更精确的数值，唐代僧一行在727年发明"不等间距二次内插法"，并创制《大衍历》；元代的授时历法也是当时历算家创立新的推算方法得到的。

中国古代数学中的许多成果与天文、历算直接相关，两者在中国古代都曾达到相当精湛高深的程度，这与历代统治者对其重视是分不开的，因为天文历法是被用来显示政治统治的天意、合法与合理性，被用来显示"天人合一"的哲学观念。中国古代数学与天文学对封建

政治统治的这种依附关系决定了
中国古代数学与天文学无法滋生出
独立、纯粹的科学形态,无法发展为
数学本体论和较为发达的数学认识
论。这就极大限制了数学知识的传播
和扩散,经常导致数学人才的间歇性缺
乏。从事数学研究被视为仕途的手段而
非科学本身的目的。科学精神与数学人
才的双重匮乏造成天文历算研究水平经
常性地停滞甚至退化。

历史表明,当数学等科学无法摆脱
政治、权力、专制制度的重压和束缚,走
上一条相对自由、独立的发展道途时,真
正的科学精神便无从谈起。相应地,科
学的品质、思想也就只能是权力政治及
其所辖封建文化苍白的影子。

(二) 古代数学思想的主要特点

从根本上说,中国古代的数学思想方

法,也是由中国古代社会的生产方式决定的。中国古代数学思想方法属于中国古代社会思想文化的一部分,它的主要特点还受制于中国古代的思维方式,同时它又决定着中国古代数学的基本方式和发展趋势。

1.经世致用,具有较强的社会性。

从《九章算术》开始,中国算学经典基本都与当时社会生活的实际需要有着密切的联系,这不仅表现在中国的算学经典基本上都遵从问题集解的体例编纂而成,而且它所涉及的内容反映了当时社会政治、经济、军事、文化等方面的某些实际情况和需要,以至史学家们常常把古代数学典籍作为研究中国古代社会经济生活、典章制度(特别是度量衡制度),以及工程技术(例如土木建

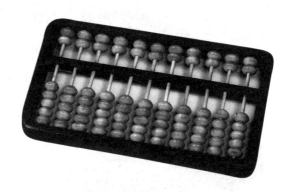

筑、地图测绘）等方面的珍贵史料。而明代中期以后兴起的珠算著作，所论则更是直接应用于商业等方面的计算技术。中国古代数学典籍具有浓厚的应用数学色彩，在中国古代数学发展的漫长历史中，应用始终是数学的主题，而且中国古代数学的应用领域十分广泛，著名的"十大算经"清楚地表明了这一点，同时也表明了"实用性"又是中国古代数学合理性的衡量标准。

2.以算法为中心，具有程序化、模型化的特点。

中国传统数学的实用性，决定了它以解决实际问题和提高计算技术为其主要目标。不管是解决问题的方式还是具体的算法，中国数学都具有程序性的特点。中国古代的计算工具是算筹，筹算是以算筹为计算工具来记数、列式和进行各种演算的方法。中国的筹算不用运算符号，无须保留运算的中间过程，只要求通过筹式的逐步变换而最终获得问题的解答。因此，中国古代数学著作中的"术"，都是用一套一套的"程序语言"所描写的程序化算法。各种不同的筹法都有其基本的变换法则和固定的演算程序。"数学模型"是针对或参照某种事物系统的特征或数量关系，采用形式化数学语言，概括地近似地表达出来的一种数学结构。《九章算术》中大多数问题都具有一般性解法，是一类问题的模型，同类问题可以按同种方法解出。其实，以问题为中心、以算法为基础，主要依靠归纳思维建立数学模型,强调基本法则及其推广,是中国传统数学思想的精髓之一。

3.寓理于算,理论高度概括。

由于中国传统数学注重解决实际问题,而且因中国人综合、归纳思维的决定,所以中国传统数学不关心数学理论的形式化,但这并不意味中国传统仅停留在经验层次上而无理论建树。其实中国数学的算法中蕴涵着建立这些算法的理论基础,中国数学家习惯把数学概念与方法建立在少数几个不证自明、形象直观的数学原理之上,如代数中的"率"的理论、平面几何中的"出入相补"原理、立体几何中的"阳马术"、曲面体理论中的"截面原理"等等。

中国古代数学的特点虽然在一定的程度上促进了其自身的发展,但正是因为其中的某些特点,中国古代数学走向了低谷。

（三）古代的数学教育

中国古代数学教育的内容和形式都
与当时的社会环境有密切关系。东周以
前政教一体，学术带有官守性质。封建
社会进入成熟期后，国家机器日趋复杂，
学术则以官守、师儒两种形式并存。表现
在数学教育方面，则是一方面有国家设
算学馆之举；一面有广泛的民间数学活
动。

中国数学教育的萌芽始于商代。殷

墟出土的大量甲骨文表明，商代已经进行极简单的读、写、算教学。西周是中国奴隶制发展的全盛时期，经济和文化获得空前发展，形成了以礼乐为中心的文武兼备的六艺教育，六艺由礼、乐、射、御、书、数六门课程构成，数主要在小学阶段学习。《礼记·内则》篇云："六年教之数与方名，十年就外傅，居宿于外，学书计。"春秋战国时代，私学兴起，当时的四大私学是儒、墨、道、法。其中墨家传授一些数学，主要是几何知识，《墨经》中的《经上》和《经说上》等篇即表明了这一点。两汉时,学校制度分官学和私学两类,官学不教数学,唯私学中的少数经师授些数学知识。《前汉书·食货志》云:"八岁入小学,学六甲,五方,书计之事。"魏晋南北朝时期,北魏在中央官学中设有算学,成为国家数学教育的萌芽。魏晋南北朝时期官学衰颓,地方私学呈现繁荣的局面,教授算学成为私学的重要内容之一。一般说来,魏晋南北朝以前的数学教育大都限于小学教育。

国家数学教育始于隋代。那时在中央最高学府——国子寺中设立了算学,置有"算学博士二人,算助教二人,学生八十人,并隶于国子寺",后停办。

　　唐朝建立后，在隋的基础上继续举办教育，把数学作为一个专科，与明经、进士、秀才、明法、明书并列为六科。《大唐新语》云："隋炀帝置明经、进士二科，国家因隋制增置秀才、明法、明字、明算，并前为六科。"当时置有算学博士二人，助教一人，"掌教文武官八品以下，及庶人之子为生者"。明算科有学生三十人，以李淳风等校定注释的"十部算经"为基本教材。明算科分古典数学和应用数学两组进行教学，每组十五人。第一组学《九章》《海岛》《孙子》《五曹》《张丘建》《夏侯阳》和《周髀》，限六年学完。第二组学《缀术》《缉古》并兼学《数术记遗》和《三等数》，限七年学完。每种书学习多长时间有明确规定："《孙子》《五曹》共限一年业成，《九章》《海岛》共三年，《张丘建》《夏侯阳》各二年，《周髀》《五经算》共一年，《缀术》四年，《缉古》三年。"

学生毕业后，可参加科举考试，其考试内容针对算学课程而定。考试分两组进行。在第一组中，除《九章》出题三条外，其余都各出一条；第二组中《缀术》出题六条或七条，《缉古》出题四条或三条。考试的要求是："明数造术，详明术理，然后为通。"每组各考十条，规定有六条通过就算合格，还要附加《数术记遗》和《三等数》两书。"读令精熟"，考试时也要参考，"十得九"才算通过。明算科毕业考试通过的人员交吏部录用。

五代时战争不断，数学教育无从谈起。

北宋初期，虽设有算学博士，但未兴办数学教育。直到元丰七年（1084年）才有算学考试之举。宋王应麟《玉海》卷120页云："元丰七年正月，吏部请于四选补算学博士阙，从之。十二月辛未诏通算学就试，上等除博士，中下等为学谕。"同年刊"算经十书"于秘书省,供学生学习。

"算经十书"除《缀术》因失传不在其中外,其余与唐相同。崇宁三年(1104年)正式建立算学科,《宋史》云:"算学,崇宁三年始建,学生以二百一十人为额,许命官及庶人为之,其业以《九章》《周髀》及假设疑数为算问,仍兼《海岛》《孙子》《五曹》《张丘建》《夏侯阳》算法,并历算、三式、天文书为本科外,人占一小经,愿占大经者听。"崇宁五年四月十二日,废止算学,同年十一月十九日复置算学,隶属秘书省。当时算学科的规模是:"官属,博士四员(内二员分讲《九章》《周髀》;二员分习历算、三式、天文),学正一员。职事人,学录(佐学正纠不如规者)一人,直学(掌文籍及谨学生出入)一人,司书(掌书籍)一人,斋长(纠斋中不如规)者、斋谕(掌佐斋长道谕诸生)各一人。学生:上舍三十人,内舍八十人，外舍一百五十人。"即有算学博士和办事人员十二人，学生二百六十人，分为三个层次，以上舍为最高，规模比唐代大得多。大观四年（1110年）又废学。政和三年（1113年）又复置算学。宣和二年（1120年）又废止算学。靖康二年（1127年）北宋汴都陷于金人，朝廷南迁，官学中再也没设算学科。

入元后，在科举考试中将算学砍去，官学中亦无算学，只在设置的阴阳学中附带讲一些与天文历算有关的数学知识。

明初，科举考试中又恢复算学。1450年正式设置算学科。直到嘉靖年（1522年）后在科举中取消算学为止。

清代，直到康熙五十二年（1713年）

才正式设置算学。席裕福《皇朝政典类篡》云："康熙五十二年初设算学馆，选八旗世家子弟，学习算法。以大臣官员，精于数学者司其事。特命皇子亲王董之。"雍正十二年（1734年），八旗官学增设算学，选"每旗官学资质明敏者三十余人，定从未时起，申时止，学习算法。"但是到乾隆三年（1738年），停止了对八

旗官学生的数学教学，"所有官学生习算法之例，概行停止，寻议令钦天监附近专立算学，额设教习二人，满汉学生各十二人，蒙古汉军学生各六人"。学习的教材主要是《数理精蕴》，学习期限及考试方法分别是："算法中，线、面、体，三部各限一年通晓，七政共限三年。每季小试，岁终大试，由算学会同钦天监考试，勤敏者奖励，惰者黜退别补。""乾隆十二年（1747年）奏准算学馆额设教习二人，协同分数三人，嗣后教习未满五年，分教未经实授，遇有升叙，如实心训课谨慎称职

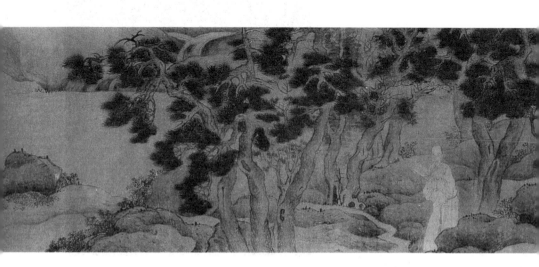

之人，均仍留教习，候满五年，奏明交部议叙。"国子监算学馆一直持续到道光年间。

我国古代数学的学习，在民间则通过个人传授，或自己钻研，也有些民间学校附带讲一点粗浅的四则运算等数学知识。但可惜这些情况较少有正史可考。

概言之，中国古代自商代开始就出现了数学教育，几千年来，数学教育在官学和私学中断断续续地进行着，并得到了一定程度的发展。但同时，各个朝代的数学教育都兴废无常，而且只在很狭小的范围内进行，发展极不充分。